我的小小农场 ● 2

画说小米・稗子・黄米

我的小小农场2

画说小米·稗子·黄米

【日】古沢典夫　及川一也●编文　【日】泽田俊树●绘画

小朋友们都知道大人们通常把大米、麦子和玉米等谷物作为主食吧。这些农作物在农田里都是经常可以见到的。可是，你曾经见到过小米、稗子、黄米这些农作物吗？大家通常把这几种农作物合起来叫做“杂粮”。虽然这些作物结出的果实看起来很小，但绝对是纯天然又具有营养价值、健康有益的农作物！在很久以前，我们的祖先和古时候的欧洲人也都吃这些农作物。

中国农业出版社

1 在世界古代文明的发展进程中，人们都曾食用过的杂粮——小米、稗子、黄米

对于小米、稗子、黄米这几种作物的名称，小朋友们可能不太熟悉。人们为了把它们和大米、麦子等主要谷物区分开来，通常把它们称作“杂粮”。在“杂粮”的大家庭中，除了这三种属于禾本科植物的小米、稗子、黄米之外，还有藜科植物的“奎藜”和苋科植物的“雁来红”等作物。它们的果实虽然很小，但是对人们来说却大有作用。“杂粮”的“杂”字就是“各种各样”的意思。把这几种作物笼统地称作“杂粮”，可能会让小朋友们觉得“杂粮并不是什么特别重要的作物呐！”但实际上，这些杂粮却在世界古代文明的发展中扮演着必不可少的角色，它们是支撑世界古代文明的重要食物。

构建世界古代文明的小米、稗子、黄米

在很久以前，小米、稗子、黄米等杂粮作为全世界人们的食物，在非洲、亚洲、欧洲等世界很多地方被精心培育。所以，杂粮的故乡遍布世界各地。

亚洲的杂粮

亚洲，是许多农作物的故乡。中国人早在6000多年以前就把小米作为主要食物了。在印度和巴基斯坦，人们也大量种植黄米。原产地在亚洲的杂粮还有黄米、苡米等。而稗子的故乡，就是日本和中国。可以说，稗子和小米从很久以前的上古时代开始，就开始被人类食用了。

非洲的杂粮

在非洲，杂粮作为非常重要的主食被种植。“埃塞俄比亚画眉草”和“弗里奥”则是只有在非洲才能吃到的杂粮哦！除此之外，来自非洲的杂粮还有“高粱”、“龙爪稗”（因为这个作物的样子很像人们的手指，所以也把它叫做“手指稗”）等。

南美洲的杂粮

自古以来，玉米、苋科作物就是南美洲人的主食。在古老的秘鲁印加帝国，人们把一种叫做“奎藜”的作物作为主食来食用。而“奎藜”和小朋友们非常熟悉的菠菜则是属于同一个种类的作物哦！这些作物都是起源于南美洲的。

欧洲的杂粮

虽然黄米的故乡是在亚洲，但后来也被传入欧洲，成为了欧洲古代石器文明时人们的主食。此后，小米也传到了欧洲。

2 绳文人 *注 也吃过小米、稗子、黄米

在很久以前，绳文人除了吃山里的栗子、核桃等之外，还会吃河里、海里的贝壳鱼类、鹿和野猪等动物。此外，他们还会在土地里种植小米、稗子等作物来食用。虽然现在在日本大家把大米作为主食，但是，实际上直到 20 世纪 60 年代，所有的日本人才都能吃上米饭。在此之前，大家把小米、稗子或者黄米等杂粮混合在大米里，做成杂粮饭；或者是把红薯、萝卜等拌在大米中，来增加米饭的量，日本人把这种饭叫做“菜饭”。

绳文人吃的杂粮

人们在距今 5000 多年前的绳文时代遗迹中，发现了许多栗子之类的树上结的果实。而杂粮方面，除了发现有稗子之外，还发现了唇形科的“野胡麻”的种子。这些东西好像是当时的人们为了预防食物不足而储藏起来的。

传入日本的水稻

现在，大家都知道了杂粮等作物在 5000 多年之前就开始被人们食用了。而人们普遍认为水稻传入到日本的时间是在 3000 多年以前。可以说，在日本人开始吃米饭之前，就已经把杂粮当作食物，吃了很长时间了啊！

阿波国、闭伊国和吉备国

有一位名叫柳田国男的著名日本民俗学家曾经说过：“在很久很久以前的日本，有一个种植很多很多小米的国家，它叫做阿波国（位置在现在的日本德岛县附近），有一个种植很多很多稗子的国家，它叫做闭伊国（位置在现在的日本岩手县附近），有一个种植很多很多黄米的国家，它叫做吉备国（位置在现在日本的冈山县附近）。”直到今天，全日本九成以上的稗子、一半的小米都产自日本岩手县（九户郡和稗贯郡等地）。而小米和黄米则在日本冲绳县八重山诸岛、四国山地和长野县北信等地种植。

* 注：绳文人是绳文时代（大约陶器时代之后至公元前 3 世纪左右）的日本列岛居民。

当时**老百姓**的主食是杂粮，而大米是当作钱来用的

在过去的日本，大米可是贵重物品，作为税金来使用。同时，大户人家也把大米作为家中佣人的工资，发放给他们。所以，一般的老百姓是吃不起大米饭，而只能吃杂粮的。另外，水稻只能长在气候温暖的地方。而在气候寒冷的地方，水稻由于夏天温度过低,会遭受冷害而不结果实。但是，在这种情况下，稗子、小米却不受冷害的影响。老百姓可以找到很多这样的杂粮用来充饥，免得饿肚子。所以，为了保证不挨饿，人们精心地培育这些杂粮作物。

在日本江户时代，小米竟然有**380**个品种

在日本江户时代的南部藩（现在的日本岩手县）有一本关于当时农作物调查的《物产报告书》。这本书里记载，在当时的日本，仅仅是小米就有多达 380 个品种，水稻有 137 种，稗子有 94 种，小麦有 52 种，黄米和高粱加起来有 21 种。可见，小米的品种绝对是特别多吧！因为小米在不同的土地上种植就会有不同的品种，而且和日本传统的饮食一起受到保护，所以才有这么多的品种哦。

3 生命力顽强的、能结出许多果实的作物

小米、稗子、黄米是禾本科的农作物。世界上大多数国家的人们把禾本科植物中的水稻、小麦、玉米等作物作为主食。当然，也有把杂粮作为主食的国家。那么，究竟小米、稗子、黄米和水稻、小麦在什么地方相似，又在什么地方存在不同呢？杂粮作物在夏天、太阳强烈照射的时候，也丝毫不敢偷懒，不停地通过光合作用茁壮成长。虽然它们的种子很小，却能结出很多很多的果实。即使在一些缺水的地方，它们也能生长，是一种生命力非常顽强的农作物！

小米

据说，小米的祖先是狗尾巴草。小米的原产地现在并不是十分清楚，但或许是在中国附近。小米的生长地区普遍而且广泛，既可以是热带，也可以在温带的土地上。虽然小米耐高温，喜欢干燥的气候，但是，因为它的生命力非常顽强，所以，几乎在所有土地上都可以生长。小米的茎秆能够长到1~2米高。而且茎秆上长有一个一个的节，大约每个茎上长有14~15个节。大多数属于禾本科植物的作物常常会在根部长出新的分支。但是，日本的小米品种通常不像其他种类的小米那样长出分支。每一颗日本小米苗，大多会在顶端长出一个像小狐狸尾巴一样的小穗。

稗子

日本稗子的祖先是野稗。人们通常认为它的原产地是从日本到中国东部一带。稗子一般分为热带性和温带性两个品种，日本的稗子属于温带性。但是，不管是哪一种稗子，它们都喜欢气候凉爽、土地略微湿润的地方。因为它们不怕冷，根长得很结实，所以，它们的生长范围十分广泛。无论是湿润的土地还是干燥的土地，甚至在没有太多养分的土地里，它们一样可以生长。可以说，稗子的确是一种生命力顽强的作物哟！而且，它们茂密的茎秆和叶子也能作为家畜的饲料。稗子的茎秆一般能长到 1.3~2 米，茎秆上长有 7~8 个节，它们的根还能够长出 2~5 个结实的新茎秆。

黄米

黄米

直到现在，人们仍然没有找到黄米的祖先到底是谁！而黄米的原产地一般认为是从中亚到印度西北部的广大地区。和小米、稗子相比，黄米则更早一些在世界范围内开始传播种植。黄米是一种喜欢高温、干燥环境的热带性作物。因为它能够在少雨的地方茁壮生长，所以，黄米可以在世界范围内播种。黄米生长的速度非常快，一些生长速度快的黄米品种，在农民伯伯播种后大约 70 天就能长大、结果实。而慢一些的品种也会在播种后 130 天左右长大结果实，这也成为了黄米的一个重要特征。黄米的茎秆一般长 1~2 米，茎秆上长有 10~20 个节。黄米的叶子很长，上面还长有很多柔软的毛毛。黄米的茎秆中间是空的，从根部可以分长出 2~3 个新茎秆。而这些茎秆，几乎都能结出果实哟！

4 吃杂粮的人可以长寿吗？

因为杂粮中含有许多植物纤维和矿物质，所以，一般认为吃杂粮会对人的身体有好处。同时，杂粮中含有丰富的蛋白质，营养含量也非常均衡。通过对长寿村进行调查后，人们发现，长寿的老爷爷、老奶奶的确会吃很多的杂粮。而且，对于因为食物过敏而不能吃大米、面条的人们来说，杂粮绝对是非常重要的食物。

有益于长寿的杂粮

在日本昭和 20 年（公元 1945 年），因为当地人寿命很长，而且很少有人患脑中风等疾病，日本岩手县的釜石市和山梨县的棡原村被大家称作“长寿之乡”。鹰觜博士对当地人的饮食生活进行了调查。调查发现，当地人的饮食是以杂粮和薯类为主，每天摄入大量含有纤维素的食物。和大米相比，杂粮中含有更多的植物纤维、蛋白质和矿物质。同时，在杂粮中，人们容易缺少的钙的含量是大米的 2 倍。而铁的含量，杂粮则是大米的 3~7 倍。因为植物纤维能够帮助降低胆固醇的含量，并且能够防止身体吸收过多的糖分，所以，杂粮还具有预防一些疾病的功效！根据日本岩手大学的研究，小米、稗子、黄米中含有的蛋白质还有增加高密度胆固醇的效果！

过敏和杂粮

有些人吃过大米、小麦之后，因为过敏，皮肤会发痒。对于他们来说，吃杂粮却不会引发过敏，所以，他们就把杂粮作为大米等这些主食的代替食品。为什么吃杂粮却不会引发过敏呢？一般认为，这可能是因为杂粮中含有一种能抑制引发过敏的脂肪酸。

安全的食品

与大米等食物相比，杂粮更加不怕干旱和寒冷，也不用担心病害。如果人们精心栽培的话，杂粮甚至不需要施用农药、化肥，也可以茁壮成长。因为杂粮对我们的身体有好处，所以真希望杂粮能够最大限度地自然生长出来啊。但是，因为培育杂粮作物比较麻烦，并且，愿意从事这项工作的人越来越少，所以现在杂粮的价格越来越贵了。我们是多么期待人类通过重视除草机等农具机械化的研究，能够更加简单方便地种植杂粮啊！

5 各种各样的形状，各种各样的穗

在古代，人们大概是先从身边的野生植物开始挑选食物作物。然后，挑选出那些看起来不错的植物进行栽培并食用。经过一段时间后，人们逐渐挑选出那些对人们生活有利的植物、果实很大的植物和好吃的植物，还有果实不容易从果壳中脱落出来的植物，作为精心培育的农作物对象。因为是各个不同地方的人们做出的不同的选择，所以，这些作物的穗的形状、种子的颜色也各不相同，很有意思吧！

小米的穗

小米的穗

小米的种子

小米的果实和外壳

各种各样小米的穗

小米的穗和种子

小米的穗有各式各样的形状，它们看起来有点儿像小动物的小尾巴或者是小动物的手的形状。小米的种类特别多，仅在日本就有2000多种。这些小米大部分是从中国和朝鲜半岛传入到日本的。小米的果实比稗子和黄米的果实更小一些，而且是圆溜溜的。它的种子长、宽都是1.8~2.3毫米。一粒种子的重量为2~3毫克。小米种子的大小还不到大米种子的1/10哦。小米种子的表面大多是黄色的，但是也有偏白一点儿的黄色、红褐色及黑色等颜色的种子。小米和大米不一样，大米本身具有一种很强的糯性（就像小朋友吃年糕的原料糯米一样），而小米则并不具备这样的特性，属于硬性。

稗子的穗和种子

和小米相比，稗子的种类就少了很多，大约只有 60 种。稗子穗的形状分两种，有果实紧密地排列在一起的，也有比较分散排列的。稗子种子长度 2.3~2.6 毫米，宽 1.9~2.1 毫米。一颗种子的重量是 3~4 毫克。稗子的种子表面颜色接近灰色。到目前为止，人们还没有发现属于硬性品种的稗子。

稗子穗趋于成熟之前

稗子穗

稗子种子

稗子的果实和外壳

稗子的外壳很多

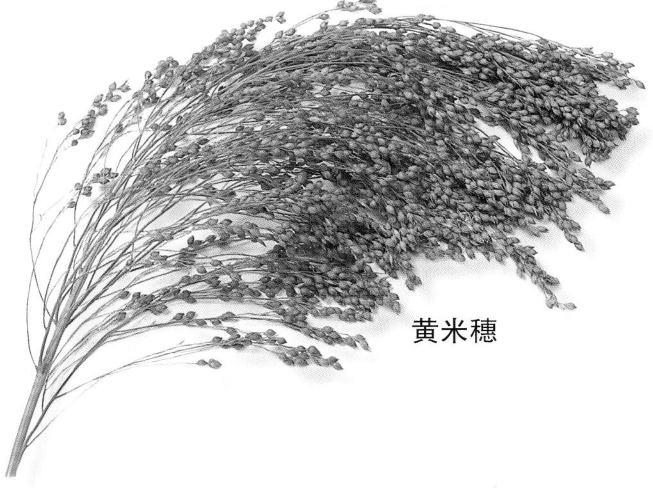

黄米穗

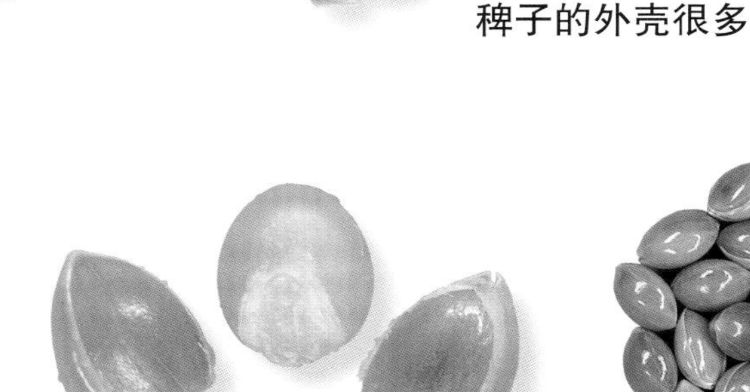

黄米的果实和外壳

黄米的种子

黄米和高粱的穗和种子

在黄米的穗上，果实稀稀拉拉地长在一起。黄米种子的形状很像鸡蛋，长度为 2.7~3.3 毫米，宽 2~2.3 毫米。一颗种子的重量在 3~6 毫克。黄米种子的表面是亮晶晶的，多为黄色，当然也有白色和黑色的种子。黄米则根据品种不同，分为糯性和硬性。高粱则是一种大块头的杂粮。一颗高粱果实的重量为 20~50 毫克，比大米还重哟！高粱的穗和种子大多偏红色。

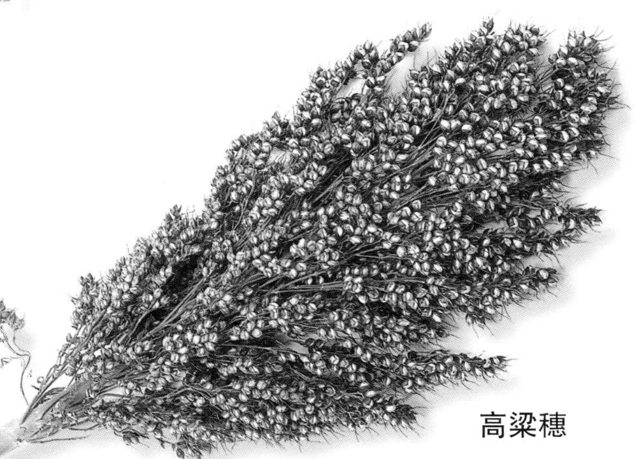

高粱穗

高粱的种子

6 让我们一起种杂粮吧！（种植日志）

首先，让我们来做一个小小的调查吧。请问在大家的周围现在还有没有人在种植杂粮呢？他们以前种过的杂粮品种都有什么呢？建议大家最好去问一问附近种植杂粮的农民或者是当地从事农业试验田工作的专业人员吧。毕竟挑选种植的品种是非常重要的工作哦！请大家仔细想一想什么时候应该播种，如何食用，是选糯性还是硬性种子等等一系列问题，然后再精心挑选需要播种的品种吧！

小米的播种
东北地区 [*注1] 五月中旬、关东地区 [*注2] 五月中旬到六月下旬、九州地区 [*注3] 五月中旬到七月上旬

小米：底肥 → 播种 → 间苗 除草（发芽10天后1次，以后每隔10天1~2次） → 间苗 除草 培

黄米的播种
东北地区五月中旬到六月上旬、关东地区五月下旬到六月中旬、九州地区六月上旬到六月下旬

黄米：底肥 → 播种 → 间苗 除草（发芽10天后1次，以后每隔10天1~2） → 间苗 除草 培

稗子的播种（移植）
东北地区五月中上旬、关东地区五月中下旬

稗子、移植：播种 → 育苗 → 底肥 → 移植（播种后30~35天，每株高为大约15厘） → 除草

稗子的播种（直播）
东北地区五月中上旬、关东地区五月中旬到六月中旬、九州地区五月上旬到六月下旬

稗子、直播：底肥 → 播种 → 间苗 除草（发芽10天后1次，长齐5~7片叶子后2次） → 间苗 除草 培

1月 2月 3月 4月 5月 6月

* 注1：日本东北地区位于日本本州岛北部，包括青森、岩手、秋田、山形、宫城县、福岛六县。
* 注2：日本关东地区通常指本州以东京、横滨为中心的地区，位于日本列岛中央，为政治、经济、文化中心。
* 注3：日本九州地区位于日本西南部，包括九州岛和周围1 400个岛屿。气候高温多雨，南部和冲绳属亚热带气候。

小米

如果是在东北地区种植的话可以选用早生品种，如果不考虑霜冻问题就可以尽早播种，这样做也可以减少病虫灾害。温暖地区因为虫害比较严重，建议使用晚生品种，这样一来，每年七月中旬播种，十月中旬就可以收获啦。

稗子

稗子喜欢低温环境，因此不用担心霜冻，建议大家可以尽早播种哦！
四国地区*注4和九州地区的播种季一般都是每年五月下旬到六月下旬。

黄米

黄米喜欢高温环境，因此可以比稗子和小米稍微晚一点时间播种。但是黄米的生长速度很快，千万不要错过了收割季节哦。

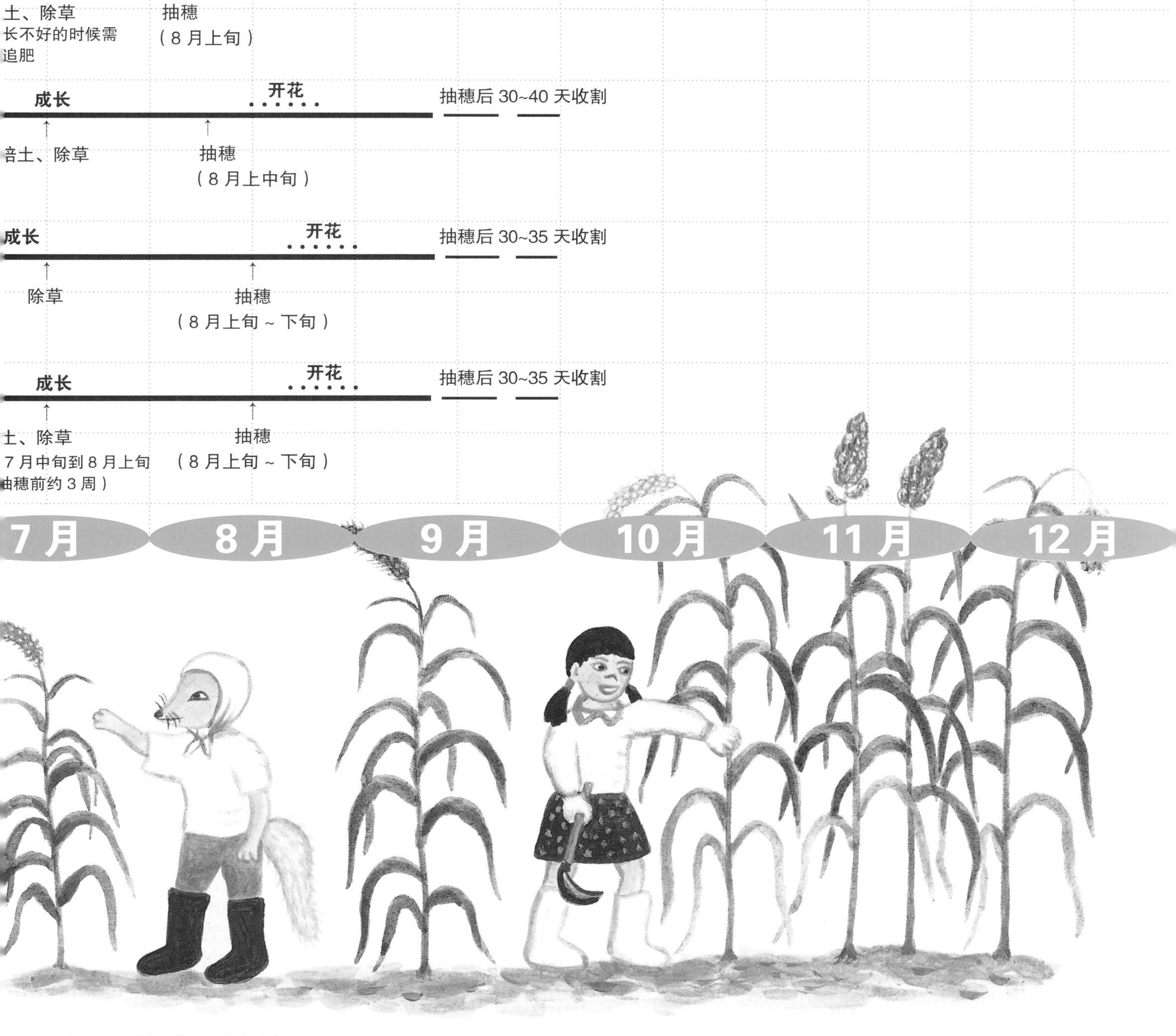

* 注 4：四国地区位于日本西南部。

7 成功播种每一粒小小的种子

杂粮的种子非常小，用手指捏起来并不是非常方便，所以播种起来可能会有一点儿难度噢！特别是小米的种子，它不分支，一颗种子一个穗，需要认真去播种。很多种子种下去之后就能发芽，而如果苗与苗之间的间距不太合理就有可能使产量减少，所以播种的时候要保持好间距。小米、稗子、黄米和野草长得很像，还需要大家仔细辨别啊。

准备种子

种子的品种不同会导致植株的高度和植物的成长期都不一样，所以最好还是用本地区或者附近地区常用的品种。株行 1 米需要准备的黄米种子重量为 0.6~0.9 克，而小米和稗子只要有 0.6 克就足够了。大家是不是感到非常惊讶，觉得种子重量怎么会这么少呢？其实，就这么一点点，就有 180 多粒种子啦！

准备田地

在播种前一周左右，需要在田里堆上堆肥或者其他肥料，然后让肥料充分地渗透到土壤中去。耕土的深度为 10~20 厘米就可以啦！在此之前，一定要做好除草工作。堆肥的标准是每平方米大约需要 1 千克，如果该田地曾使用过大量堆肥（大约 3 千克）种植过蔬菜的话，也可以不需要施肥。使用化肥（氮、磷、钾每种元素含量 8%）的话，每平方米大约有 40 克就足够了。

培垄台

每条垄台的间隔大约为 60 厘米，宽度约为 20 厘米，高度约为 10 厘米。因为种子要种在垄台上，所以垄台表面的土一定要用手弄碎弄平噢！

播种

在垄台的正中间挖一条深约为2厘米、宽3~5厘米的小沟，把种子分别种在里面。因为种子又细又少，所以要注意一点一点慢慢地种，不要种得过密或者过多。如果种得太密的话，会使植株混在一起，而茎叶长得过细的话也容易歪倒，这一点需要格外注意。开始时，最好提前就称好种子的重量，播种完后，轻轻地在沟里盖上土，然后再用手轻轻地按压一下盖上的土。

间苗

所有种子全部发芽大约需要两个星期的时间，然后在垄台每30厘米的范围内保留下15棵苗，拔掉多余的部分。再过两个星期，再拔掉一部分，大约每30厘米剩下10棵左右就可以了。

除草

间苗后，为了能使植株茁壮成长，一定要记得认真地除草噢！区分杂粮植株和杂草可能有点困难。像大家播种时那样长得整整齐齐的就是杂粮，而成片长在田里的则是杂草。在小米、稗子、黄米的植株生长得十分茂盛之前，只要田里长了草就要拔掉。

培土

除草和两次间苗都完成后，需要在这些杂粮的根部培上土，这样它们才能健健康康地长大哦！

8 在迷你水田中种植稗子苗

虽然稗子和小米、黄米一样可以种在旱田里，但是由于稗子本身喜欢湿气更大一些的地方，所以在水田种植可能效果会更好。

和水稻相比，稗子更耐干旱、更喜欢低温的水环境。把水稻和稗子一起种植，然后再比较区分两种植物也一定很有意思吧。

稗子和水稻一样，也需要在育苗之后再插秧。那就让我们一起快来试一试吧！

育苗

首先在培植水稻的育苗箱（60 厘米 ×30 厘米）里装入深约 2 厘米的湿润泥土，然后弄平整，种上种子，每个育苗箱需要 20~30 克种子。播种完后，在表面覆盖一层 5 毫米厚的泥土。育苗箱中使用的泥土如果是水稻田里的育苗土，操作会更加简单。如果用的是普通的田地里的土壤的话，需要先把土弄碎，然后再掺上一些肥料就可以了。一般来说，平均每箱土（约 4.5 升）需要氮、磷、钾每种肥料各 2 克左右，如果是用氮、磷、钾每种元素含量为 8% 的化肥的话，大概需要 25 克化肥。每个育苗箱培育的秧苗量相当于面积约为 30 平方米水田里的秧苗数量。当然，不一定非要用专门的育苗箱，我们也可以使用花盆或者鱼箱。一旦发现育苗箱的土壤开始变干，就要记得浇水哦。25~30 天后，当禾苗长出了 3~4 片叶子，植株高度达到 20~30 厘米后，就可以插秧了。

准备迷你水田

水田面积至少要达到 3.3 平方米，在 3.3 平方米的范围内大约可以种植 50 株稗子。这些植株能结果实 600~700 克（约 1.5 升），加工成精米后大约会剩一半。这个数量虽然看起来不算很多，但把它们和米饭或者面包混在一起做成好吃的东西的话，全班小朋友都可以吃到一点哦！如果想在校园里做一块迷你水田，需要考虑水田的高度至少要达到 25 厘米。然后在地面铺上塑料薄膜，再用混凝土块儿或者木板围成一个框，在里面铺上一层厚度为 20 厘米的土。用水田或者旱地的土壤都可以。肥料和普通旱地使用的是一样的（请详见第 14 页“准备田地”）。因为种植水稻和稗子时需要的肥料和水的用量不一样，所以进行对比种植时最好把水田分成两半。

插秧的方法

我们先把迷你水田里的土整平，再注入充足的水。稗子苗每株可以栽种 3~4 根苗。栽种的深度是距离稗子苗根部 3 厘米左右的位置。秧苗之间的间隔大约为 30 厘米 ×15 厘米。虽然与水稻相比，稗子更耐干旱，但是水田由于缺水而干燥时，最好还是要及时浇水哦！

追肥

到了 7 月中旬后，当稗子苗的叶子颜色开始变浅后，就要给稗苗追肥了。每平方米田地需要施用化肥（氮、磷、钾含量各 8%）10 克左右。当叶子开始干燥时，为了不使成片迷你水田出现颜色不均匀的情况，需要从上向下均匀地给水田撒上肥料。在稗子长大之前，还要记得及时除草哦！

9 小鸟、害虫、疾病

因为小米、稗子、黄米都是生长茂盛的农作物，因此很少生病，也不容易遭受虫害的袭击。但是我们还是最好提前了解这些农作物都会遇到什么样的害虫和疾病，可以防患于未然。为了保证我们好不容易种出来的果实不被小鸟偷吃掉，也要提前做一些必要的准备。

狗尾草和小米

生长在路边和田边的狗尾草据说是小米的祖先呢！它们的血缘非常亲近，甚至可以达到两种植物只要授粉也可以开花结果的程度。狗尾草的小穗在雨后的朝阳下发出闪闪金光，非常美丽。在种小米的田里肯定也会生长很多狗尾草，把两者放到一起比较的话肯定可以发现两者之间既有相似之处也有不同之处，是不是觉得很有意思呢？

蜂拥而至前来觅食的小鸟

小鸟们都非常喜欢吃小米、稗子、黄米这样的杂粮，因为这些杂粮的果实不仅营养丰富，大小也恰好适合它们食用，所以杂粮一抽穗，就会招致许多小鸟前来觅食。究竟是什么样的小鸟喜欢来吃呢？但是，如果鸟儿们成群结队地赶来把我们辛勤劳动的成果都吃掉了可就糟糕啦。为了防御它们的偷袭，我们也有许多好办法，比如可以做一个稻草人，或者摆放一些吸引眼球的气球，或是绑上闪闪发光的带子。尽管如此，可能仍然会有很多果实会被小鸟们吃掉。所以，我们还是用防鸟网把整片田地罩住比较稳妥。这样做，应该就比较安全啦！

我们来观察一些杂粮的花吧！

小米的花

稗子的花

黄米的花

水稻的花

杂粮作物开的花都是小小的，也不太引人注目，没有什么特别之处。那么，让我们来观察一下这些杂粮的花与水稻的花之间有什么区别吧！

玉米的花

害虫和疾病

虽然杂粮抗虫抗病的能力很强，但实际上也有一些害虫和疾病会对它们造成很大的威胁。特别值得注意的是小米的天敌——玉米螟，此外，大螟和切根虫也不可轻视。我们来仔细观察一下都有哪些可恶的害虫。在多雨的年份，杂粮很有可能会感染一些由于霉菌而导致的疾病，比如枯叶病等。在小米、稗子、黄米等杂粮的穗上也有可能感染与水稻相同的稻瘟病。但是，这些杂粮几乎不会因为患病而造成非常严重的后果。

玉米螟

我们在玉米的茎叶和果实里经常会看到这样的害虫（因此被叫做玉米螟）。它是一种长约 2 厘米的浅红色幼虫，当小米的茎还很柔软的时候就钻进茎叶里面，然后把里面掏空！因此，对这小小的害虫绝对不可大意！而且，稗子和黄米也可能会遇到这样的虫害。如果前期的播种、发芽、除草工作都做得很好，茎叶长得十分强壮的话，被害虫入侵的可能性就会大大降低。当我们一旦发现了植株被玉米螟吃过，就要把整根植株连根截断，埋在田地外面。

枯叶病（照片所示是稗子苗的枯叶病）

稗子苗的枯叶病是指稗子苗的叶子上长出椭圆形的斑点，然后慢慢使叶子枯萎的一种疾病。这种病从稗子苗很小的时候一直到抽穗都有可能发生。小米和黄米也有可能感染类似的疾病。如果把患病的枯叶植株拔掉就没什么问题了。

10 让我们在花盆里种植吧！抽穗喽！开花喽！

虽然和在田里种植相比，用花盆种植的植株的高度和结出的穗都要小一些，但是在阳台就可以用花盆种啊，很方便。播种后 80 天左右，我们就可以观察到它会抽出小小的穗。不久，还会开出小小的花儿，花蕊也会露出来哦。

准备花盆

虽然花盆稍大一些，杂粮们可能会长得更好，但是花盆太重，一个人搬来搬去可能会比较困难。所以还是选择一个长约为 50 厘米，宽和高约为 20 厘米的花盆操作起来更加方便吧。在花盆的底部最好铺上网状的竹板，建议选择配有排水功能的小洞的花盆。泡沫苯乙烯为材质的箱子也可以当作花盆来使用。如果是种植稗子，也可以用铁桶来代替。

准备土壤

花坛和普通的田里的土壤就可以，院子里的那种最普通的土壤也没有问题。一般 10 千克的泥土相应需要腐土 5 千克、草灰 0.5~1 千克，把它们混合到一起，放在避雨处晾置 3~7 天。然后往泥土里加上 2~3 杯鸡粪或其他有机肥料，并混合均匀。完成混合后的土壤大约占整个花盆的 80%。

播种

把土放入花盆中后，需要放置 1 星期至 10 天再进行播种。在每隔 5 厘米的地方用食指挖一个深约为 1 厘米的小洞，然后在每个小洞里面播种 4~5 粒种子。盖上土后用手指轻轻按压一下土的表面，然后用一次性筷子做下记号。最后为了保证泥土充分湿润，需要浇灌充足的水哦。

除草

因为花盆中也会长出很多杂草，所以一定要仔细地除草哦。看清楚用一次性筷子做的标记，就可以辨别出到底哪里是种过小米、稗子、黄米的地方了。

浇水

为了防止土层表面过于干燥，五六月份和九月份的时候可以每两天浇一次水。而七八月份由于天气太热，需要每天浇灌足够的水，而且排水口必须一直都打开。

间苗

当植株长到了 10 厘米左右的时候，就能分辨出每个植株是小米、稗子还是黄米了。然后每株（播种时的每个小洞处）留 2 棵，其他的都连根用剪刀剪掉。植株长到 25 厘米后需要进行第二次间苗，每株留下 1 棵就足够了。此时需要在植株的根部堆上土，使植株的根部和茎叶不会摇晃。

抽穗、开花

让我们来观察并记录下来抽穗和开花的时间吧。抽穗后多少天才能开花呢？开花的时间是在早晨还是晚上呢？

11 哇！终于收获啦！

小米、稗子和黄米在成熟时果实很容易脱落，所以在收获的时候注意不要漏掉果实了哦！如果随手扔在地上的话，果实会散落一地的。小米、稗子和黄米的成熟时间不同，所以一定要好好观察后再收割。收割的时候只需要收割它们的穗子就可以啦。

收割期

（小米）当小米的叶和茎变黄、穗子变黄变红时就可以进行收割了。时间一般为结穗后的 35~45 天。相对于稗子和黄米来说，小米的果实不太容易脱落。

（稗子）当稗子的叶和茎变黄，并且手握穗子时果实会扑簌簌地掉落时就应该立即收割了。时间一般为结穗后 30~35 天。也可以稍微提前收割，因为稗子在收割后仍然会继续成熟。

（黄米）当黄米穗子前端 1/3 至 1/2 的地方已经成熟时就应该开始收割了。时间一般为结穗后 30~40 天。黄米的果实特别容易掉落，所以应该尽早收割哟。

收割和干燥

在学校里的旱田和迷你水田栽培的杂粮也可以收割穗子。为了保证茎的长度约为 30 厘米，需要从穗子下端 60~70 厘米处开始用剪刀剪下，然后用稻草绳捆成束状就可以了。剩下的茎和叶则可以用镰刀割下，堆积起来当作肥料使用。天气晴朗的时候，可以将捆成束状的穗子放在阳光充足、通风条件好的地方晾晒一个星期左右，也可以放在塑料板上摊开晾晒。不过因为会有许多小鸟过来“偷吃”，所以支上一张“防鸟网”是更加保险的办法。

流传至今的“岛立”干燥法

从很早以前，农民们就发现了这样一种方法：从农作物根底10厘米处将茎和叶一起收割，然后用稻草绳把每3把捆成一束，在田地里打桩晾干。这就是所谓的“岛立”干燥法。知道这种方法的老爷爷老奶奶一传十、十传百，还做了许多奇形怪状的旱田桩，是不是很有意思呢？

12 脱谷后就是一颗一颗的谷粒啦！

收割并将穗子充分烘干后，农民们开始分离果实和穗子了，这个过程就叫做“脱谷”。在很久以前，农民们为了脱谷，会把成熟的果实平铺在两至三个“房间”里，并在里面用木棍子捶打穗子或者是将穗子用力在木板上摔打。因为杂粮的谷粒容易脱落，所以采用这样的方法是没有问题的，想必古时候的人们可能也是这样做的吧。如果穗子充分干燥，用手也能实现脱谷。当然，现在农民们使用的技术设备进步了，也开始使用脱谷机脱谷了。

脱谷啦！

如果没有脱谷机的话，我们就自己动手试一试吧！首先，我们可以戴着橡胶手套将穗子反复揉搓，直到它们的果实达到即将脱落的状态。如果谷粒数量过多不易脱落的话，我们可以先在地上铺上塑料薄膜，然后用木棍从穗束的上端捶打，再戴着手套揉搓果实，直至谷粒掉落下来。

除尘

将干燥脱谷后的果实用水洗去尘土后放在阳光下充分晾干，然后就准备去糠净白吧。

是糯性还是硬性?

根据杂粮中的淀粉含量可以将它们分成糯性和硬性两个不同的品种。其中，如果淀粉含量为20%~30%，那就属于硬性品种，而不含淀粉且粘性较强的则为糯性品种。根据糯性强弱不同，做法也不同，所以请大家注意不要将它们混淆了。接下来，我来教大家一个区分糯性和硬性杂粮的方法吧。首先，将杂粮放在乳钵（注：用乳棒研细药品等的器皿）或研钵里碾碎，然后将碘酒用水进行2倍或4倍稀释。滴入一滴碘酒至研磨器具里，并慢慢搅拌粉末状的杂粮。观察一下它们的颜色，如果呈棕色，说明是糯性的，而如果是蓝紫色的，就是硬性的啦！

13 去糠净白啦!

脱谷后的果实还有一层种皮（糠层），所以需要去糠净白才能达到食用的标准。我们把这个过程叫做“去糠”。在稻谷中，我们把去掉糠层的米叫做“糙米”，而在杂粮中也有糙小米、糙稗子和糙黄米。杂粮会有糠层（表皮等）覆盖，如果连着这些一起吃，味道就要差一些啦!

去糠层

因为每一颗果实还带着糠层（也叫做护颖，在稻谷中也可以称作为糠壳），所以需要戴着橡胶手套揉搓果实，然后将搓下的糠层再反复吹离。经过这样的步骤，亮丽净白的糙小米、糙稗子和糙黄米才能呈现在我们的眼前。

精白和筛选（小米和黄米）

去掉糠层（果皮和种皮）后，获得果实里面白色胚乳的工序就叫精白。小米和黄米的米粒很小，不便于实现精白，那就借助方便快捷的小型家用精米机来完成这道工序吧。具体步骤为：首先，我们将糙小米和糙黄米放入精米机中，时间设定为2~3分钟，待0.5~1毫米眼径的筛子将糠层筛去之后，再放入精米机中一点一点仔细地精白，时间控制在2分钟左右，同时注意不要将它们碾碎了哦！量比较少的话也可以用家用搅拌机和研钵来完成精白过程。虽然碎粒比较多，需要耐着性子等待一会儿，但同样也可以达到精白的效果。接下来，我们将精白后的果实摊放在一个面积较大（直径为60~70厘米）的浅口盆子里，深吸一口气将糠皮吹离，再用筛孔较小的筛子反复筛选再精白。关于此项内容，本书后面会有详细的说明。

稗子的精白

稗子的精白就比较困难啦。首先，需要将稗子连着糠层一起放进蒸笼里蒸上 20~30 分钟，然后再将其放在塑料薄膜或报纸上在太阳下暴晒，等到充分干燥后，就可以和小米和黄米一样精白了。

以前的精白方法

在以前，农民会用臼、踏板和水车来精白。在日本岩手县等地，农民们悠闲地精白稗子。水车来回地旋转，也有一些农民会选择使用脚踏踏板，虽然比水车要耗费更多的时间，但只要有这样一台踏板，就能把杂粮精白地十分干净。

14 让我们一起做一做记忆中的杂粮饭吧！

现在，杂粮在餐桌上已经很少见了。但在以前，它们可是人们的主食哦。那么到底把杂粮做成什么风格的美食比较好呢？是与大米混合在一起做杂粮饭，还是做成煎饼好呢？让我们都来试一试吧！在很久以前，有一种食物，叫做“稗子年糕”，那时候的猎人们在山上打猎时会随身带着，饥饿的时候就靠它来填饱肚子啦。

让我们来做杂粮饭吧！（小米饭和黄米饭）

做法：

① 用水将小米（黄米）清洗五遍左右（小米的颗粒很小，所以用筛网比较方便），然后将其浸泡在水中，浸泡时间为半天或者一夜。
② 做饭之前再将小米清洗一遍，倒入约为杂粮 1.6 倍的水，撒上少许盐，然后放入锅内焖煮。
③ 加入芝麻盐和咖喱一起吃会更加美味，建议大家最好趁热吃哟。
④ 将杂粮饭放入研钵里轻轻搅拌，用一次性筷子将其弄平并用手捏攥，放在烤架上烧烤后，年糕就做好啦。加入砂糖、酱油和猪牙花淀粉一起搅拌，再抹上紫杏就可以开吃啦！

稗子和大米的组合——稗子饭

原材料：大米以及大米 2 成量的稗子。
做法：

① 将大米和稗子分别清洗干净。
② 在大米中加入少量盐后先行焖煮，用水浸泡稗子。
③ 当饭锅不断冒热气时将锅盖打开，把稗子放入锅内一起焖煮。
④ 最后，将米饭和杂粮充分搅拌后就可以开吃啦！

稗子年糕

原材料：稗子粉、米粉（与稗子粉等量）、水。

做法：

① 将稗子粉、米粉放入碗里，一点一点地加入水和面，面的软硬程度比耳垂稍硬就可以了。

② 然后将面团捏成若干个直径为 8 厘米、厚度为 1 厘米的圆饼形，并摆放整齐。

③ 最后，用火使其表面干燥，并用炭火将其烤熟（注意不要接触到灰尘）。

混有杂粮的红小豆糯米饭

原材料：糯米 8 杯、糯性小米 1 杯、糯性黄米 1 杯、砂糖 70 克、盐 2 小勺、红小豆 1 杯。

做法：

① 将糯米洗净后放入水中浸泡12小时。

② 小米和黄米混合、洗净后放入水中浸泡。

③ 将红小豆浸泡一夜后，加入足够的热水焖煮，直至红小豆变软（加入砂糖会更加美味）。

④ 将沥干水分的糯米放入蒸笼，同时将去除水分的小米和黄米放在糯米上蒸。

⑤ 蒸熟后将其放入碗内，倒入 3 杯已经预备好的红豆汁，充分搅拌。

⑥ 放入蒸笼再次蒸煮，当发现不断开始冒热气时，就做好啦！

15 让我们一起动手做做小点心吧！黄米小团子、小米年糕！

让我们一起用杂粮来做小点心吧！不仅如此，杂粮还可以用来制作面包和酿酒哟！在日本冲绳地区有一种叫作“泡盛”的烧酒，它的原料就是小米。这样说来，那黄米小团子又是什么样的团子呢？

小米（黄米）年糕

原材料：糯性小米（糯性黄米）、大约为小米（黄米）数量2成至5成的糯米。

做法：

① 将糯性小米（黄米）、糯米分别洗净后放入水中浸泡一夜。

② 将糯性小米（黄米）在蒸前3~4小时、糯米在蒸前1小时捞起并沥干水分。

③ 准备一个结实的湿布来遮盖蒸笼，先将糯米放入蒸笼，再将小米（黄米）放在糯米上，用湿布将蒸笼整个包起来。蒸大约25分钟，当布上开始有热气冒出时撒上少量的水，然后继续再蒸10分钟。

④ 用臼等工具来捣熟年糕，根据个人口味来选择是抹黄豆粉还是加点豆沙馅儿。

巴基斯坦风味的烤年糕

原材料：小米（黄米）粉2杯、水2~3杯、盐1/3勺、色拉油少许、槭糖浆（或者蜂蜜）。

做法：

① 在小米（黄米）粉中加入盐和色拉油，并加水做成主料。

② 在平底锅内倒入少许色拉油后，将之前准备好的主料倒入，并均匀摊开，然后盖上盖子充分烘烤。

③ 当发现一面已经烤熟时需要翻转年糕，继续烘烤另一面，注意，不要烤焦哦。

④ 两面都烤熟时抹上槭糖浆（或者蜂蜜）就可以开吃啦。加入些沙司味道也不错哦！

小团子(杂粮年糕豆沙汤)

原材料：黄米（或高粱）粉 250 克、红小豆 200 克、砂糖 120 克、盐 10~15 克、开水 360 毫升。

做法：

① 将开水倒入黄米（或高粱）粉内充分搅拌，和好的黄米粉面团软硬程度比耳垂稍硬即可。

② 将揉好的面团揉搓成直径大约为 2 厘米的棒状，按 2 厘米左右的长度切开。

③ 将切好后的小面团子摊开摊圆，然后用手指向下按一下团子中间的地方。

④ 在泡了一夜的红小豆中加入足量的水，用微火焖煮，并不时地加水使红豆更加软烂。

⑤ 红小豆煮熟后用勺子碾碎，加入盐。

⑥ 将小团子放入红小豆汁中一起煮，小团子能浮在上面时关火。

⑦ 将小团子和豆汁倒入碗内。吃的时候还可以加点砂糖。

黄米小团子

做法：

① 在黄米粉中匀速加水，和好的黄米粉面团软硬程度比耳垂稍硬即可。

② 将和好的面团做成小团子的形状。

③ 在热水中煮一煮小团子，直至小团子能够漂浮起来。

④ 加一些黄豆粉或者豆沙馅就可以开吃了。

⑤ 桃太郎（日本民间故事中的角色）的黄米小团子的原料是红高粱粉（其中混有 30%~50% 的糯米），因此颜色呈现为浅茶色。

详解小米·稗子·黄米

杂粮是什么呢?

在英语中，我们把叶子茂盛，谷粒较小、饱满且具光泽的谷物称作“millet”。除了水稻的小伙伴——小米、稗子、黄米之外，像藜麦、苋属一类的作物长相与小米、黄米相似，而且叶子大，谷粒小的都可以食用，它们都已经被归入到杂粮的行列中了。

杂粮因为谷粒小、容易从穗子上脱落，所以容易造成收割上的困难。但是它们的蛋白质和维生素含量十分丰富，即使在贫瘠和干旱的土地上也能很好地生长。不仅如此，它们还具有较强的抗病虫能力，收获后耐储存，因此，从古代开始，杂粮对于人类来说，就已经是非常重要的农作物了。

杂粮与人类的相遇

据说，人类开始“农耕”活动是在公元前1万年左右。最开始的时候，人类是把自然界中的野生麦子等植物的种子保存下来后再继续培育，经过多年的不懈努力，才终于培育出了既易于栽培又美味的谷物作物。

后来，这样的“农耕”实践才逐渐地推广到世界各地，人类在确保了空前丰富的食物后，开始建立统一的文明。

古代文明与杂粮

非洲的杂粮　据说，位于东非的埃塞俄比亚人在大约公元前3000年就开始耕种穇子（龙爪稷）了。在西非的撒哈拉至东非的广阔热带稀树草原地带，穇子、高粱（蜀黍）、珍珠粟等都是非常重要的农作物。直到后来才逐渐地传入印度、中国和日本。此外，非洲还种植苔麸、直长马唐等。

中南美洲的杂粮　墨西哥北部地区的人们在公元前5000年左右就开始种植玉米和苋属作物了。从墨西哥北部地区到危地马拉、洪都拉斯，这些区域统称为“中美洲”，众多举世闻名的文化，如奥尔梅克文明、托尔特克文明、玛雅文明、阿兹特克文明等都是在这里蓬勃发展起来的。众所周知，藜麦是秘鲁印加帝国的重要粮食，而现在在安第斯山脉上仍然还在种植。玉米虽然曾经是印第安人的主食，但现在它已成为世界范围内与大米、小麦齐名的人类的主食了。

亚洲的杂粮　在大约公元前5000年，中亚至印度西北部地区的农民就开始种植黄米和小米了。随后东亚和欧洲等地也开始相继种植，它们已经成为繁荣的黄河文明和欧洲新石器文明时期的重要主食。现在小米和黄米也仍然作为印度西北部至中国北部地区的主要食物及家畜饲料而被广泛种植。

此外，其他一些谷物，比如日本和朝鲜半岛的稗子、缅甸周边的薏苡、印度的印度稗以及鸭皝草、细柄黍（起源于印度的一种黄米）等也开始逐渐被种植起来了。

绳文时代的杂粮　在日本长野县八岳山脚下的荒神山遗迹里，曾经发现过焦油状的野苏麻（紫苏的一种）种子。由此可以推测，当时的绳文人可能是把野苏麻当作调味料而食用。在青森县日本最大的绳文遗址“三内丸山遗址”的栗林附近，还发现曾经种植过野稗子的遗迹。

小米传到日本

在距今约6500年多前，在中国黄河附近的灿烂古代文明——仰韶遗址中，曾发现小米是当时人们的主食。后来，以小米作为主食的古代农耕文化进一步扩大，并逐渐传播到日本、缅甸乃至全亚洲。

追溯到曾经繁荣一时的欧洲古石器文明时期，在现在的德国、意大利等地，人们早已开始广泛种植小米了。

大米是奢侈的食物，而杂粮是普通的食物

大米虽然吃起来美味，但由于它原本就是热带的农作物，所以在寒冷地区不容易种植。此外，大米还是要强制上贡给皇上的贡品（土地费）。因此，对于大多数的老百姓来说，大米只能在某些特殊的节日（日语中叫做“晴天日”）里才能食用，而在平时大家却只能吃杂粮。种植水稻可能

代表性的农耕发祥地（农耕文化）	代表性的作物名称
亚洲中部·东亚地区（照叶树林文化）	水稻、稗子、小米、黄米、荞麦
东南亚地区（根栽农耕文化）	芋头、薯蓣、香蕉、甘蔗
中美洲地区（新大陆农耕文化）	马铃薯、玉米、苋属
西非地区（热带稀树林文化）	龙爪稗、芝麻、豇豆
美索不达米亚地区（地中海农耕文化）	小麦、大麦、豌豆、甜菜

农耕文化传播至全亚洲，小米、稗子、黄米驯化了各地的野生稻科植物（谷类的祖先）。

会遭遇干旱而无法收获，或者因为有时夏季气温过低而颗粒无收，费时费力。而杂粮即使在大米完全歉收的情况下也可能会有很好的收成。因此，可以说，杂粮也是一种帮助度过饥荒的重要储备粮食哟！

杂粮是稻科作物吗?

杂粮就是稻科作物。小米、稗子、黄米、高粱、薏苡等和水稻、玉米一样都是稻科作物，所以它们叶子的形状都十分相似哦。

但是，稻科以外的作物，例如苋属、荞麦、藜麦、野苏麻等也都与杂粮十分相似，因此把它们称作“拟谷类植物”。

杂粮的光合作用能力很强

杂粮（小米、稗子、黄米、高粱、藜麦、苋属等）的光合作用被称为“C4 型光合作用”，由于它们是在叶子里分别进行光合作用，所以其效率比水稻和小麦类谷物都要高一些。水稻和小麦类的光合作用则被称为“C3 型光合作用”。C3 型光合作用的植物在光合作用的过程中会消耗多余的能量和氧气并排出二氧化碳，从而进行光呼吸。

但是，C4 型光合作用的植物并不会进行光呼吸，所以它们在强光或者高温的情况下便会慢慢地进行高效率的光合作用了。

特别是在热带和亚热带地区，大约有 70% 的稻科植物都是进行 C4 型光合作用的。

杂粮的谷粒虽小但多产

稗子、小米等杂粮的谷粒与水稻、小麦相比虽然要小得多，但是一根穗子却会结出很多谷粒。保留下这么多的子孙，是为了接下来可以更好地繁殖啊。

杂粮与野草

杂粮中有很多与野草长得非常相像。如果把它们的祖先野草与杂粮杂交（花粉交配），还可以形成杂交种的种子呢！

日本的小米在生长时分枝极少，但是在阿富汗地区，小米却像狗尾草一样，会慢慢地生出许多小分枝，最后长出来的穗子个头很大。

说到稗子，日本将野生的稗子精心栽培后发展成为日本稗子的品种。在印度也有将野草栽培后逐渐发展为印度稗子的品种。

杂粮与拟谷类植物的种类

单子叶植物	（子叶一枚、叶脉平行、须根：如稻科、百合科等）
杂粮　稻科：	小米、稗子、黄米、高粱、薏苡、龙爪稗、珍珠粟、直长马唐、苔麸、印度稗、鸭龇草、细柄黍等
双子叶植物	（子叶两枚、网状叶脉、主根、侧根：如藜科、苋科等）
拟谷类	苋科：苋属 藜科：藜麦 紫苏科：野苏麻 蓼科：荞麦、鞑靼荞麦

虽然现在仍未发现黄米的祖先是哪种野草，但是印度原产的“细柄黍”和墨西哥原产的“印第安稗”都是与黄米十分相近的作物呢。

种子的购买

如果在附近买不到种子的话，大家可以到居住所在地的农业改良普及中心或者农业试验田去看一看。最好还是向有种植经验的农民或是研究所的工作人员认真请教。

种子的重量（带壳）和与水稻的比较

作物名	品种名	重（mg）	比（%）
水稻（带壳）	一见钟情	27	100
黄米	釜石 16	4.4	16
稗子	轻米在来	4.0	15
小米	大槌 10	2.1	8
苋属	新阿兹特克	0.84	3

1 根穗子中所包含的谷粒数量比较

小米 2000~8000 粒
稗子 2500~4000 粒
黄米 1000~2000 粒
水稻 50~100 粒

杂粮跟野草杂交后是否能留下种子

栽培后的杂粮	被认为是起源的野草	杂交后能否留有种子
小米	狗尾草	可以
稗子	野稗	可以
黄米	不祥（野黍？）	不详

堆肥与肥料

堆肥的种类很多，但最好是从附近的农民那里获取一些堆肥。堆肥不仅能使土地松软，而且作为肥料可以使培育效果更加显著。但是由于堆肥种类的不同（如树皮堆肥），肥料的效果可能会影响预期效果。

1 平方米的土地大约需要肥料里含有 3 克的氮、磷酸和钾。所有肥料的包装袋上都会用百分比的方式标出其中所含有的氮、磷酸和钾的比例。

比如 30 克肥料中如果含氮量为 10%，那么氮的重量则为 30×0.1=3 克。如果 15 克肥料中含氮 20%，则氮的重量则为 15×0.2=3 克。

条播与点播

除了通过挖沟后将种子以条状的形式播种以外，还可以采用将种子星星点点地撒下的点播方式。

点播是指先在田垄的正中间每隔 20~25 厘米的距离挖一个大约 2 厘米深的小洞，然后往每个小洞里撒上 5~10 粒的种子。大约发芽 10 天后，就要进行间苗了，数量大约是一个小洞里留下 3~5 根苗。然后，请大家用手轻轻地按压泥土，把多余的茎拔掉，或者把夹着的多余的茎小心割掉。间苗之后，必须要把土堆回苗根，这样小苗才不会摇摇晃晃哦。

杂粮的花

小米、稗子、黄米的花和水稻的花虽然长得很像，却又有一些不同。

小米的花从晚上 9 点左右开始开，一直到第二天上午的 11 点左右结束，一般大约在穗子长出来 1 周后才开始开花。大约经过 10~14 天，80%~90% 的花都能开放。但是杂粮的种类不同，花也是不一样的，大家可以试着比较一下。

岛立的方法

首先立一个约 1.3 米高的桩子，把 6~8 捆穗杆立在桩子周围，穗头朝上用绳子捆起来。接着将一捆穗杆倒置、穗头朝下覆盖在已捆好的穗头上，最后从上面用绳子捆起来，就大功告成了。

稗子的黑蒸法和白干法

让稗子脱壳碾米是非常困难的，所以从很早以前开始就有了特殊的精白方法。

使用黑蒸法后的稗子虽然看上去黑乎乎的，不好看，但是精米率却非常高。而使用白干法的话，精米率只有 50%~55%。但使用白干法得到的精白米又白又漂亮，所以非常适合加在大米中做稗子饭或者磨成粉做成年糕等点心。虽然两种方法碾出来的稗子味道不一样，但是都非常可口美味哦！

黑蒸法　是指将带壳的稗子洗净后放入蒸锅中蒸上片刻。当上面的稗子壳开始开裂后，立刻将上下部分搅拌均匀，一直蒸到所有的壳都完全开裂。然后将蒸好的稗子铺在草席上，放在太阳底下晒一晒。要使其充分晒干的话大约需要 2~3 天。后面的步骤，与小米和黄米一样，按照下面所说明的精白方法操作即可。

白干法　要点是需要先将稗子充分干燥后备用。然后再把充分干燥的稗子放入循环式精米机中慢碾即可。

精白与筛选

使用家用精米机　首先往家用小型精米机里加入大约一半需要脱皮的杂粮（小米、稗子和黄米），把精白时间设定为 2~3 分钟，结束后把杂粮放进网眼尺寸为 0.5~1 毫米的筛子里，将糠皮筛走，然后再放回精米机中加工 2 分钟左右。精白的时候最好小心注意精白的程度和谷粒是否发生破碎。虽然根据精白机性能的不同需要精白的次数也不一样，但是有个 3~5 次也就差不多了。一般的标准是精白之后杂粮的重量是精白前的80%~90%。因为稗子所含油成分较多，很容易粘在机器上，所以在使用后还要注意及时清洗。

如果能从附近的农民那里借到精米机就更加方便了。

就算是同一类的杂粮，因为品种不同，精白的难易程度也是不一样的，所以在精白时切忌将不同品种的谷物混在一起。

使用搅拌器和研钵 如果杂粮数量比较少的话，可以使用搅拌器和研钵。但是，使用搅拌器的时候如果时间过长或者次数过多，可能会导致谷粒被碾碎，所以一定要注意哦。具体做法是：在搅拌器里加入约100克需要脱壳的杂粮，盖上盖子。搅动3~5秒后，把谷物铺在不太深且比较大的盘子（最好是直径60~70厘米的轻质盘子）上，在慢慢晃动的同时，将糠皮轻轻吹掉。然后用网眼尺寸为0.5~1毫米的筛子将糠皮和谷粒分开，之后必须再用细网眼（直径约2毫米）的筛子把已经脱落糠皮的精白米再进行一轮筛选。筛选之后再把这些精白米倒回到搅拌器中。倒的时候可以将纸卷成筒状，然后再通过纸筒把谷粒送入到搅拌器中，这样谷粒就不会掉落下来了。重复几次上述步骤就可以了。

如果谷物碾得不是特别干净，并且还出现了很多小碎粒的话，可以试着将谷物放入研钵中，然后再用研磨棒反复轻碾，这样糠皮就会脱落下来了。如果太用力的话可能会把谷粒压碎，所以必须要小心一些。我们一边碾一边把脱落的糠皮吹掉。反复重复上述步骤，就可以收获漂亮的精白米啦。但是这个过程比较长，一定要有耐心哦！不过，小米的皮比稗子和黄米会更容易脱落一些。

使用瓶子 准备好空瓶子（红酒瓶或者果汁瓶）和木棒（比瓶口稍小一些的细棒）。要点是把握好需要脱皮的杂粮的数量和瓶子的大小。步骤为：在瓶子中装入大约1/3瓶高的杂粮，然后用木棒捣。一边捣一边把糠皮吹走后，再把精白后的谷物用筛子筛，如果还有糠皮一直留在里面的话，可以根据重量和种类，再花上3~4个小时。

可以委托精白加工的地方 在20世纪60年代之前，日本全国各地都有专门的碾米场，可以把杂粮拿到那里，然后用机器进行精白。但是现在能给杂粮精白的地方已经屈指可数了。在推崇吃杂粮的JA（译者注：日本全国农业协同组织联合会）等地可能会有一些精白机器，但是如果量太少的话可能不方便帮我们做精白处理。

把杂粮磨成粉

把杂粮倒入煎锅中，用小火炒至出香味，注意不要烧焦。把炒好后的杂粮盛入研钵中就可以磨粉啦。用搅拌机也可以哦。如果把小米、稗子和黄米等混在一起炒后磨成粉的话，就成了五谷杂粮粉了！

后记

一说到杂粮，可能很多人都不知道到底是什么。无论在田地里还是在商店里都很少能见到杂粮，所以有人回答不知道也是情有可原的。但是，看了这本书后，大家有没有想吃点黄米小团子（糯米点心）和杂粮饭的冲动呢？如果有的话，那对于那些精心种植杂粮的人和编写这本书的我们来说，简直是太高兴了。

杂粮因为种类不同，形状、颜色、味道也大有区别。所以“杂粮”的“杂”字就表示“多种多样、种类繁多”的意思。除了杂粮，我们还把各种食材放在一起煮，叫做“杂煮”，把原野里各种草统称为“杂草”，把生长着各种树木的树林叫做“杂木林”。在小朋友们的爷爷奶奶生活的时代，吃杂粮是再普通不过的事情了。虽然吃杂粮并不困难，但和现在的情况和习惯相比，还是有很大区别的。

在古代流传下来的民间故事和传统节日中，也曾经提到过许多美味杂粮的制作方法。如果小朋友们向爷爷奶奶或者附近的农民伯伯们问一些有关家乡以前的故事的话就会立刻明白了。

如果想试着种一种杂粮，那就马上开始行动起来吧！现在在一些水稻培育学校将水稻和杂粮进行对比种植，只要一比较，两种作物的特征就会很容易地了解了。收获之后，我们还可以试着用自己的双手把它们做成各种佳肴和点心。相信大家一定能感受到具有 7000 年历史的杂粮的无穷魅力。

这么一说，大家是不是有一种怀旧的感觉呢？不管怎么说，从人类的老祖先开始杂粮就已经成为人类的食物了。而且多吃杂粮对身体健康非常有好处，所以小朋友们一定要向父母强力推荐哦！

古沢典夫　及川一也

图书在版编目（CIP）数据

画说小米·稗子·黄米 / (日) 古沢典夫, (日) 吉川一也编文；(日) 泽田俊树绘画；中央编译翻译服务有限公司译. -- 北京：中国农业出版社, 2017.9
（我的小小农场）
ISBN 978-7-109-22731-6

Ⅰ. ①画… Ⅱ. ①古… ②吉… ③泽… ④中… Ⅲ. ①小米 – 少儿读物②稗 – 少儿读物③糜子 – 少儿读物 Ⅳ. ①S515-49②S451-49③S516-49

中国版本图书馆CIP数据核字(2017)第035587号

■編集協力
いるふぁ・ライフシードキャンペーン事務局
桑畑　博（岩手県山根六郷研究会）
■撮影・写真提供
P10 ~ 11　いろいろな品種　赤松富仁（写真家）
P19　雑穀・イネの花　赤松富仁（写真家）
P19　アワノメイガ　飯村茂之（岩手県農業研究センター県北農業研究所）
P19　葉枯病　西原夏樹（元・農林水産省草地試験場）
■撮影協力
岩手県農業研究センター県北農業研究所　やませ利用研究室
■参考文献
『雑穀のきた道』（阪本寧男　日本放送出版協会）
『雑穀——その科学と利用』（小原哲二郎　樹村房）
『転作全書 3　雑穀』（農文協編）
『健康食　雑穀』（農文協編）
『雑穀・取り入れ方とつくり方』（古澤典夫他　農文協）
『雑穀　つくり方・生かし方』（古澤典夫監修　創森社）
『雑穀米の神秘』（大谷ゆみこ監修・料理　マガジントップ）
『山根風土記』（山根六郷研究会）
〈入手先〉山根六郷研究会事務局（久慈ステーションホテル内）
http://www2.dango.ne.jp/yamane6/

古沢典夫

1928 年出生于群马县。毕业于盛冈农林专门学校。原岩手县立农业试验场场长、原岩手县农林大学副校长。农田作物和杂谷研究家，乡土菜和乡土资料研究家。著有《听写 岩手的饮食》（编辑委员 农文协）、《杂谷的收割和种植方法》（合著 农文协）、《健康食物 杂谷》（合著 农文协）、《杂谷的种植和利用方法》（主编 创森社）等。

及川一也

1956 年出生于岩手县。毕业于岩首大学农业部（遗传育种学）。在旧岩手县农业试验场从事农田作物的栽培体系研究和豆类的育种工作，并作为专业技术员进行作物的技术指导。现为岩手县农业研究中心保鲜流通技术研究室室长。著有《农业技术体系农作物篇 荞麦》（合著 农文协）、《杂谷的种植和利用方法》（合著 创森社）等。

泽田俊树

1959 年出生于青森县。毕业于阿佐谷美术专门学校。在设计公司 K2 工作后独立工作。绘制绘本《非洲的声音》（讲谈社 /96 年日本绘本奖）、《袅月》（岩崎书店）。合著著作《土之笛》（岩崎书店）、《月夜下的鲸鱼》（铃木出版）、《礼物》（中央法规出版）、《用手讲话·闪烁》（小学馆 / 第 8 回日本绘本奖读者奖）、《小羊明明·我的爸爸和妈妈》（KIDS MATE）、《西瓜绘本》和《葡萄绘本》（农文协）等。

我的小小农场 ● 2

画说小米·稗子·黄米

编　文：【日】古沢典夫　及川一也
绘　画：【日】泽田俊树

责任编辑：刘彦博
翻　　译：中央编译翻译服务有限公司
译　　审：张安明
设计制作：北京明德时代文化发展有限公司
出　　版：中国农业出版社
（北京市朝阳区麦子店街18号楼　邮政编码：100125　美少分社电话：010-59194987）
发　　行：中国农业出版社
印　　刷：北京华联印刷有限公司
开　　本：889mm × 1194mm　1/16
印　　张：2.75
字　　数：100千字
版　　次：2017年9月第1版　2017年9月北京第1次印刷
定　　价：35.80元